Heft 3

Heft 4

1 Erzähle, was du im Park alles entdecken kannst.

2 Fahre die Wege im Park mit einem Spielstein.

a Gehe vom Parkeingang los. Gehe geradeaus, dann nach links, nun nach rechts und wieder geradeaus. Wo bist du?

b Starte beim Kiosk. Gehe den dritten Weg nach links und dann nach rechts. Wo bist du?

c Gehe bei der Wippe los. Gehe geradeaus, dann nach links, noch mal nach links, dann nach rechts, noch mal nach rechts und dann nach links. Wo bist du?

3 a Wie viele Wege findest du von der Schlittschuhbahn zum Schachspiel?

b Beschreibe den kürzesten Weg.

4 Beschreibe einen Weg im Park. Der Partner fährt den Weg mit dem Spielstein.

5 Beschreibe Wege im Schulhaus. Der Partner geht den Weg nur in Gedanken und sagt, wo er endet.

↑ nach oben
↓ nach unten
← nach links
→ nach rechts

1 Immer drei Felder gehören zusammen: ein Tier, sein Futter, seine Behausung. Finde die passenden Felder.

2 Beschreibe die Wege von drei Tieren zu ihrer Behausung.

S. 5 Nr. 2
Kuh →→↓↓↓ Kuhstall

3 Beschreibe die Wege von drei Tieren zu ihrem Futter.

4 Wen besuchen die Tiere? Fahre die Wege mit einem Spielstein.

a) Die Katze geht so: ↓↓←

b) Der Hund geht so: ←↑←↑

c) Die Kuh geht so: ↓→→→↑

d) Der Hase geht so: ←↓↓→→↑

5 a) Finde einen Weg vom Hund zum Knochen mit genau 9 Pfeilen. Schreibe ihn auf.

b) Wie viele Pfeile hat der kürzeste Weg? Schreibe ihn auf.

6 Starte beim Schwein. Gehe zu seinem Futter und dann zu seinem Stall. Schreibe die Wege mit Pfeilen auf. Vergleiche mit deinem Partner.

Orientieren in der Hundertertafel

1	2	3	4	5	6	7	8	9	10
11	12	13	14	15	16	17	18	19	20
21	22	23	24	25	26	27	28	29	30
31	32	33	34	35	36	37	38	39	40
41	42	43	44	45	46	47	48	49	50
51	52	53	54	55	56	57	58	59	60
61	62	63	64	65	66	67	68	69	70
71	72	73	74	75	76	77	78	79	80
81	82	83	84	85	86	87	88	89	90
91	92	93	94	95	96	97	98	99	100

1 a

Lies die Zahlen in der Hundertertafel von links nach rechts vor.
Dein Partner kontrolliert.

b

Lies die Zahlen in der Hundertertafel von oben nach unten vor.
Dein Partner kontrolliert.

c

Übt das Zahlenlesen auch so:

- von rechts nach links
- von links oben nach rechts unten
- von unten nach oben
- von links unten nach rechts oben

2 Lies deinem Partner die Zahlen vor. Der Partner legt in der Hundertertafel ein Plättchen auf jede Zahl. Was fällt euch auf?

a 1, 21, 41, 61, 81

b 10, 40, 70, 100

c 7, 17, 47, 57, 87, 97

d 61, 64, 67, 70

e 58, 56, 54, 52, 50

f 91, 73, 55, 37, 19

3 a

Lege in der Hundertertafel Plättchen auf alle Zahlen, bei denen Zehner und Einer gleich sind. Dein Partner kontrolliert.

b

Lege in der Hundertertafel Plättchen auf alle Zahlen, in denen eine 7 vorkommt. Dein Partner kontrolliert.

2, 3 Hundertertafel (Beilage 2) und Plättchen (Beilage 1) verwenden

1 Fahre mit einem Spielstein in der Hundertertafel. Schreibe die Zielzahl auf.

Start: 91 ↑↑→→↑↑→→ Ziel: ■

Start: 46 ↓↓←←←←↑↑ Ziel: ■

Start: 1 →→→→→↓↓↓↓↓→→→→ Ziel: ■

Start: 50 ↑↑↑←←←←↑→→→→ Ziel: ■

S. 7 Nr. 1
Start: 91 Ziel: 55

2 Schreibe jeweils zwei Wege auf.

Start: 31 Ziel: 13 Start: 66 Ziel: 99

Start: 10 Ziel: 53 Start: 100 Ziel: 33

S. 7 Nr. 2
Start: 31 →→↑↑ Ziel: 13

3 a) Löse das Rätsel ohne die Hundertertafel. Wie gehst du vor?

> Starte bei 55. Gehe ein Feld nach links und ein Feld nach unten. Wo landest du?

b) Zu jedem Pfeil passt ein Rechenbefehl. Ordne zu und schreibe ins Heft.

→	↓	↑	←	+10	−10	+1	−1

4 Löse die Rätsel im Kopf. Kontrolliere mit der Hundertertafel.

a)
> Starte bei 12. Gehe 2 Felder nach rechts und 3 Felder nach unten. Wo landest du?

b)
> Starte bei 78. Gehe 3 Felder nach links und 2 Felder nach oben. Wo landest du?

5 Erfinde eigene Rätsel. Dein Partner löst sie im Kopf.

?

6 Ich bin 3 Felder nach unten, 2 nach links, ein Feld nach oben und 3 Felder nach rechts gegangen. Ich lande bei 88. Wo bin ich gestartet?

1				5					10
11	A			15					20
		23							
					36				
							48		
		53				B			
									70
			74						
81			C	85					
						97			100

1 Nenne ein Bild. Dein Partner sagt, welche Zahl an dieser Stelle stehen müsste. Kontrolliere mit der Hundertertafel.

2 Welche Zahlen müssten bei den Buchstaben A, B und C stehen? Schreibe ins Heft.

S. 8 Nr. 2
A = 12
B =

3 Welche Zahlen müssten bei den Buchstaben D bis Q stehen? Schreibe ins Heft.

					60
65		D			
			78		E
F					
	96				G

H				
		45	I	
				J
	K			

			8		L
		M			
				N	
	36		O		
	P				Q

4 Zeichne die Ausschnitte ins Heft. Trage die fehlenden Zahlen ein.

a

	18	

b

		90

c

65

d

99

e

	27	

f

	90

g

	23

h

	42	

1 Hundertertafel (Beilage 2) verwenden

44 ist der Vorgänger von 45.
46 ist der Nachfolger von 45.

1	2	3	4	5	6	7	8	9	10
11	12	13	14	15	16	17	18	19	20
21	22	23	24	25	26	27	28	29	30
31	32	33	34	35	36	37	38	39	40
41	42	43	44	45	46	47	48	49	50
51	52	53	54	55	56	57	58	59	60
61	62	63	64	65	66	67	68	69	70
71	72	73	74	75	76	77	78	79	80
81	82	83	84	85	86	87	88	89	90
91	92	93	94	95	96	97	98	99	100

40 und 50 sind die Nachbarzehner von 45.

1 Schreibe die Tabellen ins Heft.

a

V	Zahl	N
	53	
	27	
	6	
	82	
	99	

b

V	Zahl	N
	30	
	40	
	60	
	70	
	80	

c

V	Zahl	N
10		
	43	
		79
40		
		81

S. 9 Nr. 1
a)

V	Zahl	N
52	53	54
	27	

2 Schreibe jeweils die beiden Nachbarzehner auf.

a	b	c	d
17	39	6	50
26	55	66	70
41	72	46	80

S. 9 Nr. 2
a) 10 < 17 < 20
20 < 26 <

3 Rechne zu beiden Nachbarzehnern.
Schreibe jeweils eine Plus- und eine Minusaufgabe.

a	b	c	d
47	28	13	90
35	64	39	40
52	71	86	10

S. 9 Nr. 3
a) 47 + 3 = 50
47 - 7 = 40

1		W		5			O		Z
	K		E		B			I	
		S					U		30
	A		R		L			C	
					46	F			
	J		D						
	62				T		G		
		H				77			
					M		P		
N			94						

1 Löse die Tierrätsel.

a) Aus meiner Milch kann man Käse machen. Ich bin die **10 19 14 68 14**.

b) Wenn ich groß bin, kannst du auf mir reiten. Ich bin das **47 8 73 36 14 91**.

c) Mein Fell ist weiß, weich und lockig. So heiße ich: **23 39 73 32 47**.

d) Wenn du keinen Wecker hast, wecke ich dich. Ich bin der **73 32 73 91**.

e) Der Schornsteinfeger und ich bringen dir Glück. Ich bin das **23 39 73 3 14 19 91**.

f) Früher habe ich die Arbeit des Traktors getan. Ich bin das **88 47 14 34 54**.

g) Später gebe ich viel Milch. Ich bin das **12 32 36 16**.

h) Ich bewache den ganzen Hof. Ich bin der **73 8 47 73 28 91 54**.

2 Frage deinen Partner: Welche Zahl steht in der Hundertertafel ...

a)
... zwischen 86 und 88?
... zwischen 71 und 73?
... zwischen 47 und 67?

b)
... über 44?
... links neben 80?
... rechts neben 59?

c)
... unter 45?
... rechts neben 65?
... links neben 69?

1, 2 Zur Kontrolle Hundertertafel (Beilage 2) verwenden

1	2	3	4	5	6	7	8	9	10
11	12	13	14	15	16	17	18	19	20
21	22	23	24	25	26	27	28	29	30
31	32	33	34	35	36	37	38	39	40
41	42	43	44	45	46	47	48	49	50
51	52	53	54	55	56	57	58	59	60
61	62	63	64	65	66	67	68	69	70
71	72	73	74	75	76	77	78	79	80
81	82	83	84	85	86	87	88	89	90
91	92	93	94	95	96	97	98	99	100

1 Zeigt zuerst die kleine Aufgabe in der Hundertertafel.
Zeigt dann die große Aufgabe und rechnet.

a
13 + 4 =
23 + 4 =
33 + 4 =

b
12 + 5 =
22 + 5 =
32 + 5 =

c
24 + 3 =
44 + 3 =
64 + 3 =

d
11 + 7 =
31 + 7 =
61 + 7 =

1	2	3	4	5	6	7	8	9	10
11	12	13	14	15	16	17	18	19	20
21	22	23	24	25	26	27	28	29	30
31	32	33	34	35	36	37	38	39	40
41	42	43	44	45	46	47	48	49	50
51	52	53	54	55	56	57	58	59	60
61	62	63	64	65	66	67	68	69	70
71	72	73	74	75	76	77	78	79	80
81	82	83	84	85	86	87	88	89	90
91	92	93	94	95	96	97	98	99	100

2 Zeigt zuerst die kleine Aufgabe in der Hundertertafel.
Zeigt dann die große Aufgabe und rechnet.

a
18 – 5 =
28 – 5 =
38 – 5 =

b
17 – 6 =
27 – 6 =
37 – 6 =

c
35 – 3 =
55 – 3 =
75 – 3 =

d
26 – 4 =
46 – 4 =
66 – 4 =

3
4 + 6 = 10
5 + 2 = 7
6 + 3 = 9

1 + 7 = 8
8 + 4 = 12
6 + 7 = 13

7 + 5 = 12
9 + 6 = 15
8 + 3 = 11

11 + 7 = 18
13 + 4 = 17
17 + 2 = 19

Stelle deinem Partner die Aufgaben. Wie viele richtige Lösungen schafft er in einer Minute?

3 Stoppuhr oder Sanduhr verwenden

1 Wie rechnen die Kinder die Aufgabe 47 + 8? Erkläre.

2 Rechne wie die Kinder.

a Timo	b Emma	c Lisa
18 + 3 = ▢	16 + 6 = ▢	15 + 8 = ▢
27 + 5 = ▢	29 + 4 = ▢	24 + 7 = ▢
35 + 8 = ▢	47 + 5 = ▢	68 + 4 = ▢
69 + 6 = ▢	75 + 8 = ▢	82 + 9 = ▢

3 Rechne mit deinem Weg.

a	b	c	d
14 + 9 = ▢	38 + 3 = ▢	67 + 8 = ▢	85 + 7 = ▢
25 + 6 = ▢	59 + 2 = ▢	43 + 9 = ▢	18 + 5 = ▢
37 + 7 = ▢	46 + 6 = ▢	79 + 4 = ▢	73 + 8 = ▢
69 + 2 = ▢	27 + 7 = ▢	58 + 3 = ▢	54 + 9 = ▢

4

8 – 3 = 5	10 – 5 = 5	17 – 6 = 11	14 – 7 = 7
5 – 4 = 1	10 – 7 = 3	19 – 3 = 16	18 – 9 = 9
9 – 2 = 7	10 – 9 = 1	15 – 2 = 13	16 – 8 = 8

1 Verschiedene Rechenwege in einer Mathekonferenz untersuchen und nachvollziehen; ggf. eigenen Rechenweg beschreiben und rechnen **2** Rechenwege von Kindern üben; Steckwürfel, Hundertertafel (Beilage 2), Zahlenstrahl (Beilage 4) entsprechend verwenden **4** Stoppuhr oder Sanduhr verwenden

1 Wie rechnen die Kinder die Aufgabe 32 – 9? Erkläre.

2 Rechne wie die Kinder.

a Timo

25 – 7 = ▢
31 – 5 = ▢
42 – 3 = ▢
64 – 8 = ▢

b Emma

21 – 3 = ▢
34 – 6 = ▢
45 – 7 = ▢
52 – 5 = ▢

c Lisa

23 – 5 = ▢
38 – 9 = ▢
82 – 3 = ▢
91 – 4 = ▢

3 Rechne mit deinem Weg.

a

27 – 8 = ▢
32 – 4 = ▢
74 – 9 = ▢
56 – 7 = ▢

b

53 – 6 = ▢
48 – 9 = ▢
85 – 8 = ▢
62 – 7 = ▢

c

91 – 5 = ▢
65 – 7 = ▢
28 – 9 = ▢
44 – 7 = ▢

d

21 – 2 = ▢
83 – 6 = ▢
37 – 9 = ▢
75 – 6 = ▢

4 Löse die Plus-Rechendreiecke. Wie verändert sich die Zahl im roten Feld? Zeichne das vierte Rechendreieck.

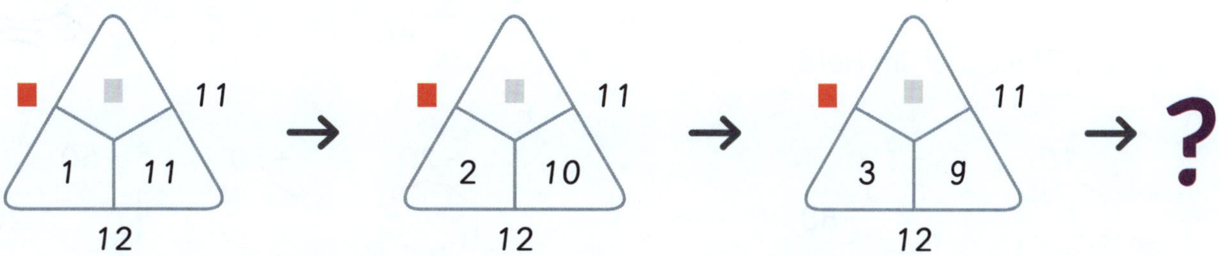

1 Verschiedene Rechenwege in einer Mathekonferenz untersuchen und nachvollziehen; ggf. eigenen Rechenweg beschreiben und rechnen 2 Rechenwege von Kindern üben; Steckwürfel, Hundertertafel (Beilage 2), Zahlenstrahl (Beilage 4) entsprechend verwenden

1 Erkläre, wie Finn das Zahlenrätsel löst.

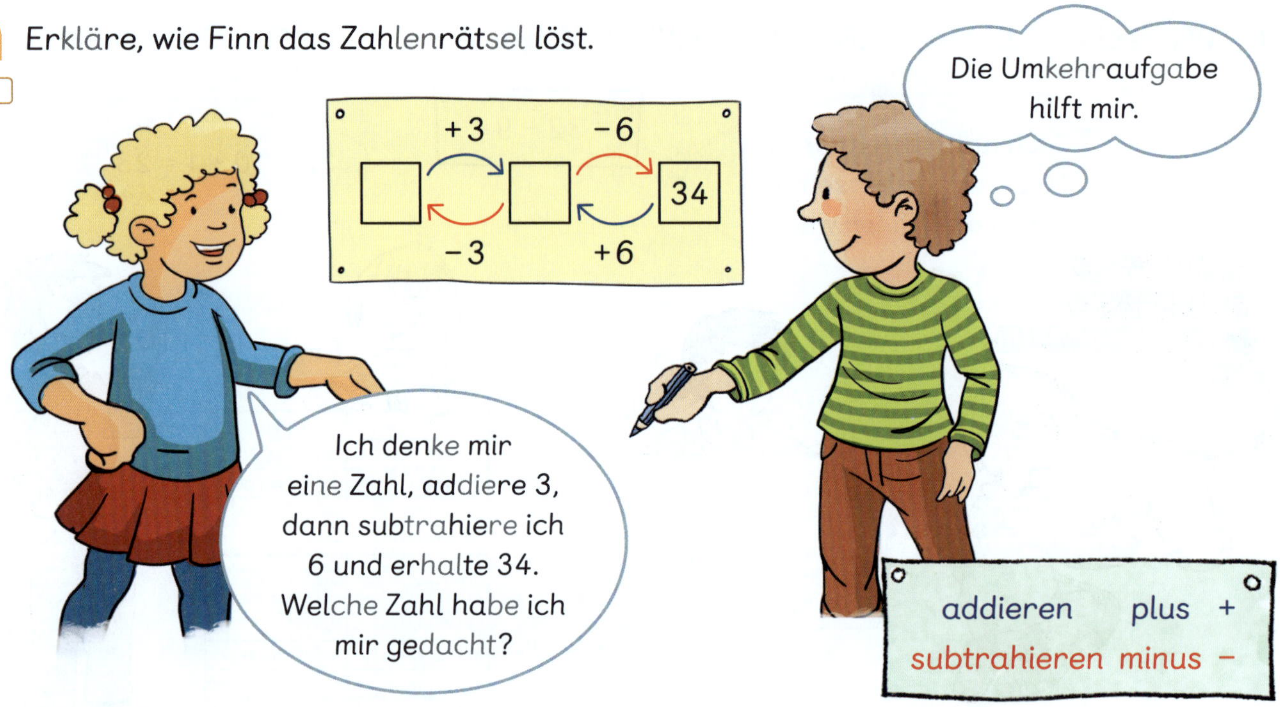

2 Welche Zahlen haben sich die Kinder gedacht?
Löse die Zahlenrätsel mit einem Pfeilbild.

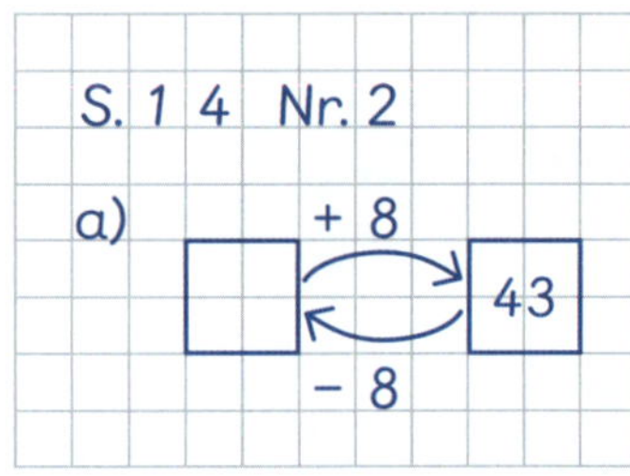

a
Ben denkt sich eine Zahl.
Er addiert 8 und erhält 43.

b
Taio denkt sich eine Zahl.
Er subtrahiert 7 und erhält 69.

c
Ida denkt sich eine Zahl. Sie subtrahiert 6, addiert dann 4 und erhält 78.

3 Lies die Aufgaben deinem Partner als Zahlenrätsel vor.
Er löst sie mit einem Pfeilbild.

a
▢ + 4 = 17
▢ + 5 = 35
▢ + 8 = 40

b
▢ − 6 = 42
▢ − 7 = 20
▢ − 3 = 28

c
▢ + 4 − 6 = 65
▢ − 5 + 8 = 30
▢ + 9 − 3 = 83

4 Löse die Pfeilbilder im Heft.

a

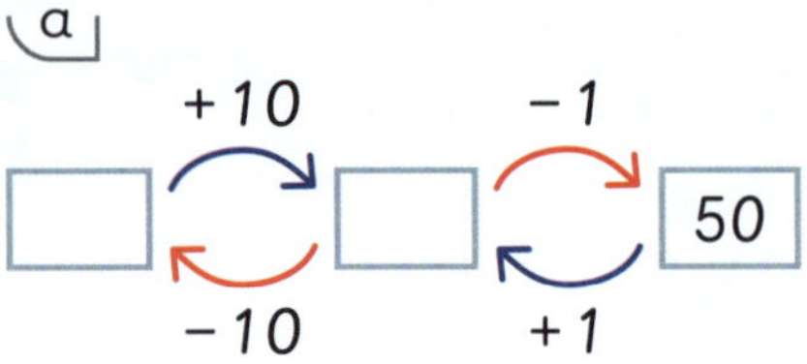

b

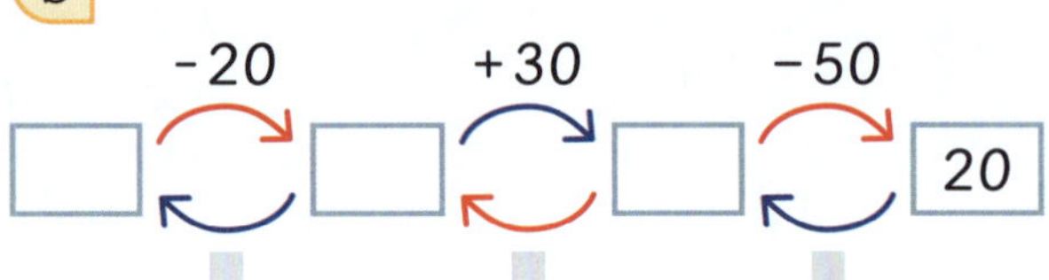

Kalender – Tage, Wochen, Monate

1 Woche = 7 Tage
1 Jahr = 12 Monate
1 Jahr = 365 Tage
1 Schaltjahr = 366 Tage

Kalender 2020

Januar 2020

Mo	Di	Mi	Do	Fr	Sa	So
		1	2	3	4	5
6	7	8	9	10	11	12
13	14	15	16	17	18	19
20	21	22	23	24	25	26
27	28	29	30	31		

Februar 2020

Mo	Di	Mi	Do	Fr	Sa	So
					1	2
3	4	5	6	7	8	9
10	11	12	13	14	15	16
17	18	19	20	21	22	23
24	25	26	27	28	29	

März 2020

Mo	Di	Mi	Do	Fr	Sa	So
						1
2	3	4	5	6	7	8
9	10	11	12	13	14	15
16	17	18	19	20	21	22
23	24	25	26	27	28	29
30	31					

April 2020

Mo	Di	Mi	Do	Fr	Sa	So
		1	2	3	4	5
6	7	8	9	10	11	12
13	14	15	16	17	18	19
20	21	22	23	24	25	26
27	28	29	30			

Mai 2020

Mo	Di	Mi	Do	Fr	Sa	So
				1	2	3
4	5	6	7	8	9	10
11	12	13	14	15	16	17
18	19	20	21	22	23	24
25	26	27	28	29	30	31

Juni 2020

Mo	Di	Mi	Do	Fr	Sa	So
1	2	3	4	5	6	7
8	9	10	11	12	13	14
15	16	17	18	19	20	21
22	23	24	25	26	27	28
29	30					

Juli 2020

Mo	Di	Mi	Do	Fr	Sa	So
		1	2	3	4	5
6	7	8	9	10	11	12
13	14	15	16	17	18	19
20	21	22	23	24	25	26
27	28	29	30	31		

August 2020

Mo	Di	Mi	Do	Fr	Sa	So
					1	2
3	4	5	6	7	8	9
10	11	12	13	14	15	16
17	18	19	20	21	22	23
24	25	26	27	28	29	30
31						

September 2020

Mo	Di	Mi	Do	Fr	Sa	So
	1	2	3	4	5	6
7	8	9	10	11	12	13
14	15	16	17	18	19	20
21	22	23	24	25	26	27
28	29	30				

Oktober 2020

Mo	Di	Mi	Do	Fr	Sa	So
			1	2	3	4
5	6	7	8	9	10	11
12	13	14	15	16	17	18
19	20	21	22	23	24	25
26	27	28	29	30	31	

November 2020

Mo	Di	Mi	Do	Fr	Sa	So
						1
2	3	4	5	6	7	8
9	10	11	12	13	14	15
16	17	18	19	20	21	22
23	24	25	26	27	28	29
30						

Dezember 2020

Mo	Di	Mi	Do	Fr	Sa	So
	1	2	3	4	5	6
7	8	9	10	11	12	13
14	15	16	17	18	19	20
21	22	23	24	25	26	27
28	29	30	31			

1 Untersucht den Kalender.

a) Wie viele Monate hat ein Jahr?

b) Wie heißen die Monate? Schreibe sie geordnet auf.

S. 15 Nr. 1
a) Ein Jahr hat ___ Monate.
b) 1. Monat: Januar
2. Monat:

2 Wie viele Tage haben diese Monate?

a) Januar b) April c) August d) November

3 Mit den Fingerknöcheln kannst du dir merken, wie viele Tage die einzelnen Monate haben.

a) Wie viele Monate haben 30 Tage, wie viele 31 Tage?

b) Wie viele Tage hat der Februar in einem normalen Jahr und in einem Schaltjahr?

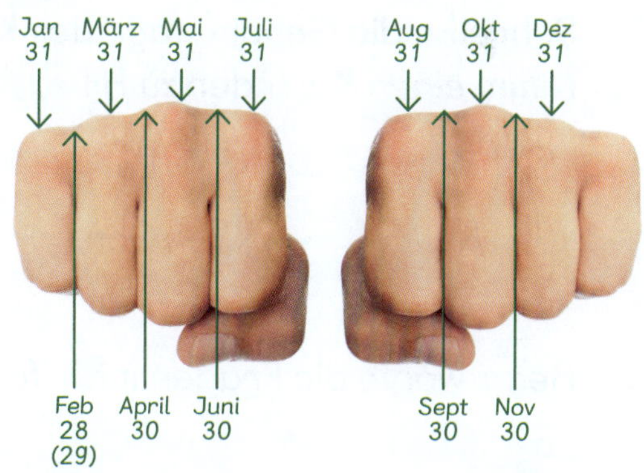

4 Suche das Datum im Kalender. Welcher Wochentag ist es?

a) 1. Januar (Neujahr)

b) 3. Oktober (Tag der deutschen Einheit)

c) 24. Dezember (Heiligabend)

d) dein Geburtstag

5 Schreibe jedes Datum ausführlich mit dem Monatsnamen auf.

a) 13. 4. 2017 b) 25. 8. 2018 c) 9. 10. 2019 d) 6. 12. 2020

Kalender – Geburtstage der Klasse 2a

Januar	Februar	März	April	Mai	Juni
3. 1. Ben	14. 2. Hamid 29. 2. Ida	8. 3. Tina 26. 3. Finn 28. 3. Mascha	11. 4. Paul 16. 4. Lara 24. 4. Max	5. 5. Luis 31. 5. Timo	

Juli	August	September	Oktober	November	Dezember
7. 7. Lisa 21. 7. Mara	14. 8. Taio 29. 8. Jule	2. 9. Emma 18. 9. Mia 26. 9. Leo 28. 9. Tom	6. 10. Nele	1. 11. Linus 17. 11. Frau Ell	6. 12. Gor 20. 12. Nora

1 a)

Beantwortet die Fragen zum Geburtstagskalender der Klasse 2a.

- In welchem Monat hat kein Kind Geburtstag?
- In welchem Monat hat die Lehrerin Geburtstag?
- In welchem Monat haben die meisten Kinder Geburtstag?

b) ?

Findet weitere Fragen und beantwortet sie.

c)

Untersucht den Geburtstagskalender eurer Klasse.

2 Schreibe die Geburtstage der Kinder für dieses Jahr mit dem Wochentag auf.
Nimm einen Kalender zu Hilfe.

a) Tina b) Lara c) Lisa
d) Nele e) Gor f) Ida

S. 16 Nr. 2
a) Tina: Sonntag, 8. März 2020

3 Beantworte die Fragen mithilfe eines Kalenders.

a)
Wie viele Tage nach Hamid hat Ida Geburtstag?

b)
Wie viele Tage vor Timo hat Luis Geburtstag?

4 Leo hat am 26. September Geburtstag. An welchem Datum sind die Geburtstage seiner Familie?

a)
Seine Mutter hat genau 4 Monate früher Geburtstag.

b)
Seine Schwester hat 5 Wochen nach Leo Geburtstag.

4 Aufgaben mithilfe eines aktuellen oder des abgebildeten Kalenders auf Seite 15 lösen

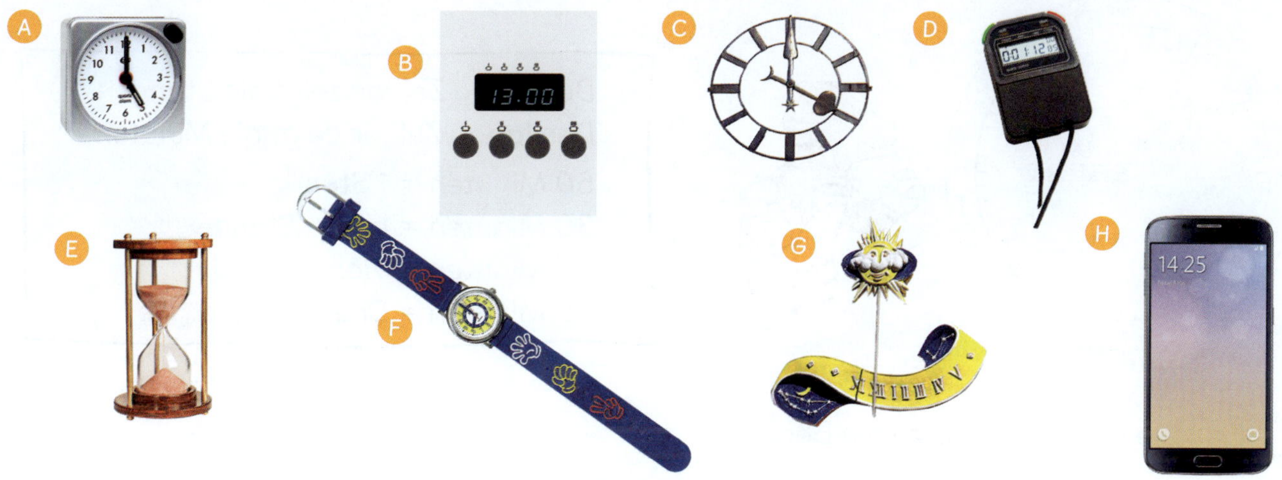

1 a

Was haben die Uhren gemeinsam?
Worin unterscheiden sie sich?

b

Wie heißen die Uhren?
Welche Zeit zeigen sie?

2 Wo findet ihr Uhren in eurer Umgebung?
Gestaltet eine Ausstellung mit Uhren und Bildern von Uhren.

3 Schreibe deinen Tagesablauf auf.
Stelle jede Stunde auf der Lernuhr ein.

S. 17 Nr. 3
0.00 Uhr: schlafen
1.00 Uhr:

4 Schreibe beide Uhrzeiten auf.

a b c d

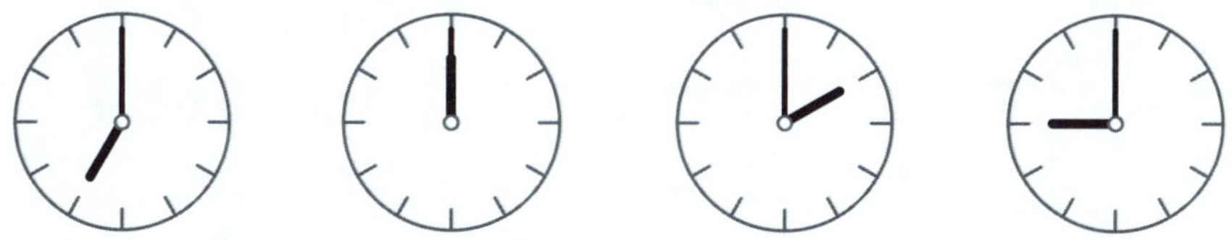

S. 17 Nr. 4
a) 7.00 Uhr
19.00 Uhr

5 Stelle die Uhrzeiten auf der Lernuhr ein und lies sie vor. Dein Partner kontrolliert.

a 1.00 Uhr b 15.00 Uhr c 8.00 Uhr d 4.00 Uhr

6 Welche Uhren zeigen die gleiche Zeit?

Der kurze Zeiger zeigt die Stunden.
Der lange Zeiger zeigt die Minuten.
60 Minuten = 1 Stunde
30 Minuten = halbe Stunde
15 Minuten = Viertelstunde
45 Minuten = Dreiviertelstunde

1 Erkläre die Uhr. Benutze die Begriffe.

Stunde | Minute | Dreiviertelstunde | Viertelstunde | halbe Stunde | Stundenzeiger | Minutenzeiger | Ziffernblatt

2 Stelle die Uhrzeiten auf der Lernuhr ein und lies sie vor. Dein Partner kontrolliert.

a	b	c	d
2.00 Uhr	9.00 Uhr	11.00 Uhr	16.00 Uhr
2.15 Uhr	9.15 Uhr	11.15 Uhr	16.15 Uhr
2.30 Uhr	9.30 Uhr	11.30 Uhr	16.30 Uhr
2.45 Uhr	9.45 Uhr	11.45 Uhr	16.45 Uhr

3 Schreibe beide Uhrzeiten auf.

a 
b 
c 
d 

S. 18 Nr. 3
a) 1.30 Uhr
13.30 Uhr

4 Zeichne Uhren mit folgenden Uhrzeiten.

a 7.00 Uhr b 17.30 Uhr c 12.15 Uhr d 21.45 Uhr

5 Immer drei Uhrzeiten gehören zusammen.

S. 18 Nr. 5
halb 6, 5.30 Uhr, 17.30 Uhr

halb 6 | Viertel vor 7 | 2.15 Uhr | 14.15 Uhr | halb 11 | 6.45 Uhr | 10.30 Uhr | Viertel nach 2 | 17.30 Uhr | 18.45 Uhr | 22.30 Uhr | 5.30 Uhr

2 Lernuhr (Beilage 5) verwenden
4 Kopiervorlage verwenden

Viele Uhrzeiten

1 Auf der Welt gibt es zur selben Zeit unterschiedliche Uhrzeiten.
Wie spät ist es in den verschiedenen Städten, wenn es in Berlin 14.30 Uhr ist?
Schreibe auf.

2 Stelle die Uhrzeiten auf der Lernuhr ein und lies sie vor. Dein Partner kontrolliert.

a	b	c	d
13.00 Uhr	8.15 Uhr	halb 5	Viertel nach 9
15.00 Uhr	12.15 Uhr	halb 9	Viertel nach 12
1.30 Uhr	0.45 Uhr	halb 12	Viertel vor 3
6.30 Uhr	11.45 Uhr	halb 1	Viertel vor 6

3 Wie spät ist es?

a
Der kurze Zeiger steht auf der 3, der lange steht auf der 12.
Es ist Nachmittag.

b
Der kurze Zeiger steht auf der 11, der lange auf der 12.
Es ist Nacht.

c
Der kurze Zeiger steht zwischen 9 und 10, der lange auf der 6.
Es ist Vormittag.

1 Ggf. über Zeitzonen sprechen

Das kann ich schon 3

1

V	Zahl	N
	73	
	41	
50		
		37

2

32	A					B	
C			45	D			
		E			57		F

3 Schreibe jeweils die beiden Nachbarzehner auf.

a 28 b 45 c 70

4 Rechne jeweils zu beiden Nachbarzehnern.

a 31 b 56 c 90

5

a
14 + 5 =
34 + 5 =
74 + 5 =

b
19 − 8 =
59 − 8 =
99 − 8 =

6

a
67 + 4 =
58 + 6 =
35 + 9 =

b
31 − 3 =
73 − 7 =
82 − 6 =

7

a
Julia denkt sich eine Zahl.
Sie subtrahiert 8 und erhält 24.

b
Paul denkt sich eine Zahl. Er addiert 50, subtrahiert dann 30 und erhält 70.

8

a
Tina hat am Sonntag, den 8. März, Geburtstag. Ihre Mutter hat 4 Tage später Geburtstag.
Wann hat Tinas Mutter Geburtstag?

b
Max hat am Dienstag, den 5. 5., Geburtstag. Sein Bruder Ole hat genau 3 Wochen später Geburtstag.
Wann hat Ole Geburtstag?

9 Schreibe beide Uhrzeiten auf.

a

b

c

10 Zeichne Uhren mit folgenden Uhrzeiten.

a 10.00 Uhr b 10.30 Uhr c 8.15 Uhr d 1.45 Uhr

Wichtige Aufgaben aus der dritten Lerneinheit (Heft 2, S. 4–19) wiederholen;
Selbsteinschätzung: entsprechend dem Können der Aufgabe den passenden Smiley ins Heft malen

1

S. 21 Nr. 1
a) Weg 1: rot – rot – grau – grau
Weg 2: rot –

a) Wie viele Wege von A nach B gibt es, die über genau 4 Brücken gehen? Schreibe sie alle auf.

b) Über wie viele Brücken geht der längste Weg von A nach B? Du darfst keine Brücke doppelt gehen.

2

a) Findet Aufgaben für die roten Pfeile. Findet dann eine Aufgabe für den blauen Pfeil. Was stellt ihr fest?

b) Findet Aufgaben für die grünen Pfeile. Denkt daran, wie die roten Pfeile aussehen könnten. Welche Möglichkeiten gibt es?

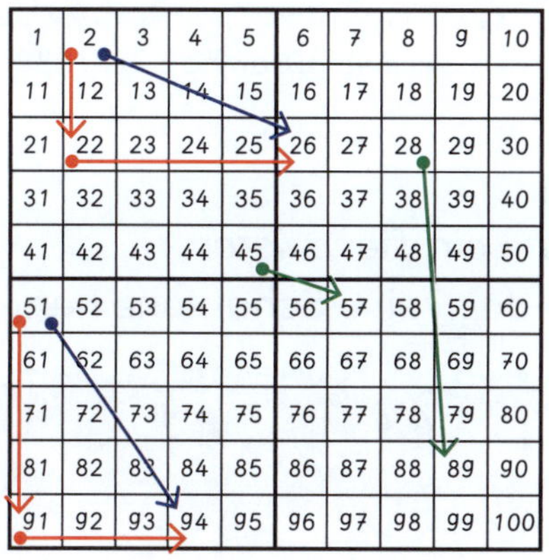

1	2	3	4	5	6	7	8	9	10
11	12	13	14	15	16	17	18	19	20
21	22	23	24	25	26	27	28	29	30
31	32	33	34	35	36	37	38	39	40
41	42	43	44	45	46	47	48	49	50
51	52	53	54	55	56	57	58	59	60
61	62	63	64	65	66	67	68	69	70
71	72	73	74	75	76	77	78	79	80
81	82	83	84	85	86	87	88	89	90
91	92	93	94	95	96	97	98	99	100

3 Löse die Rätsel ohne Kalender.

a) Heute ist Donnerstag.
Welcher Tag ist übermorgen?

b) Vor 3 Tagen war Freitag.
Welcher Tag ist heute?

c) Wenn gestern Mittwoch war,
welcher Tag ist dann morgen?

d) Wenn übermorgen Sonntag ist,
welcher Tag war dann vorgestern?

e) In 10 Tagen ist Sonntag.
Welcher Tag ist heute?

f) Vor 10 Tagen war Mittwoch.
Welcher Tag ist heute?

4 Wie geht es weiter? Zeichne die letzte Uhr ins Heft und schreibe die Uhrzeit dazu.

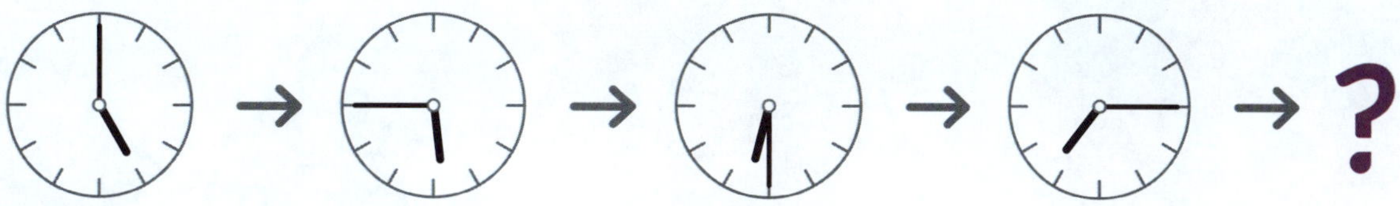

5.00 Uhr → 5.45 Uhr → 6.30 Uhr → 7.15 Uhr → ?

1 Beschreibe das Bild. Wie ist das Muster aufgebaut?

M. C. Escher: Symmetry Drawing E 22, 1938

2 Zeichne ein Tiermuster.
Stelle dazu eine Schablone her.

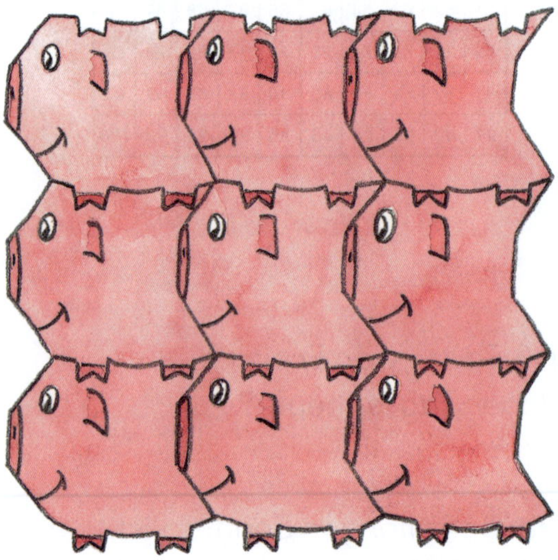

Anleitung für eine Tierschablone

Nimm ein Pappquadrat und schneide am rechten Rand ein Stück ab.

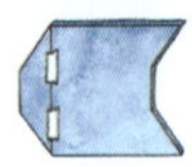
Klebe das Stück mit Klebestreifen an die linke Seite des Quadrats.

Schneide nun am oberen Rand der Figur ein Stück ab.

Klebe dieses Stück an den unteren Rand. Nun ist deine Schablone fertig.

3 Welche Schablonen wurden für die Muster A und B verwendet?

A

B

1

2

3

4

1 Beschreibe die Muster.

2 Finde Muster in deiner Umwelt und beschreibe sie.

3 Zeichne die Muster in dein Heft und setze sie fort.

a

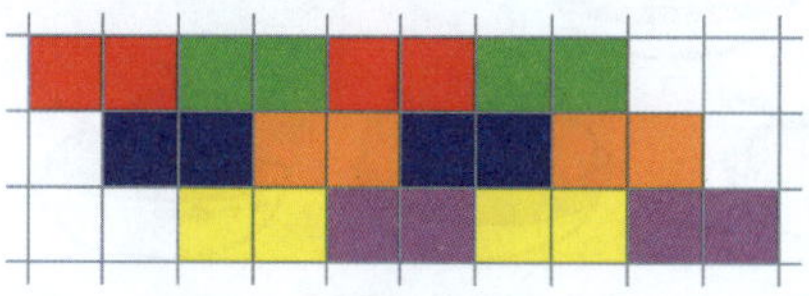

b

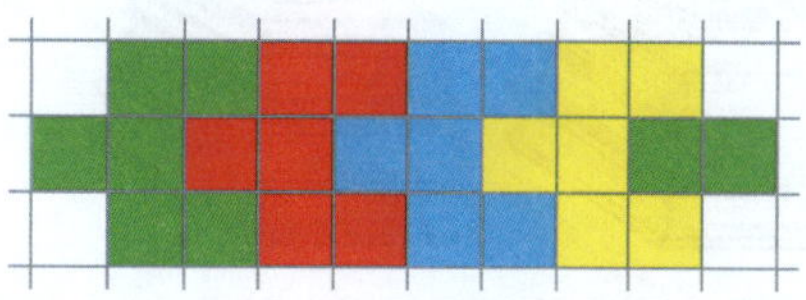

c

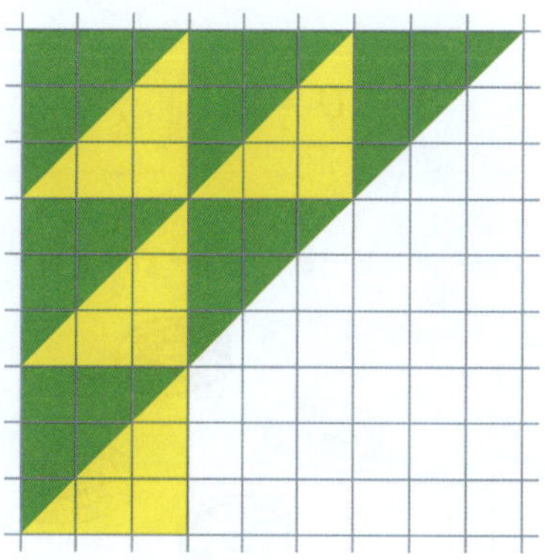

d

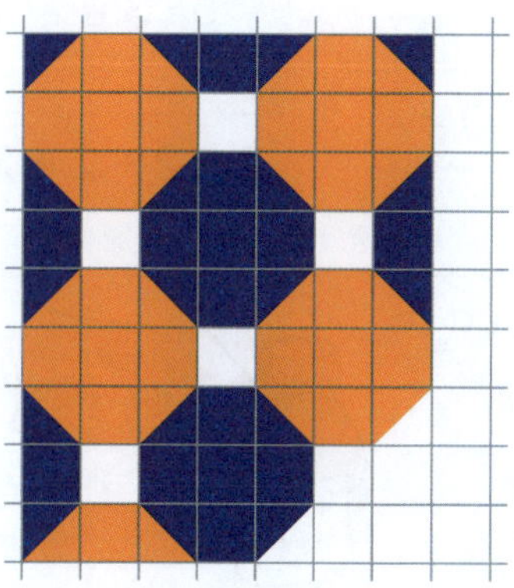

e

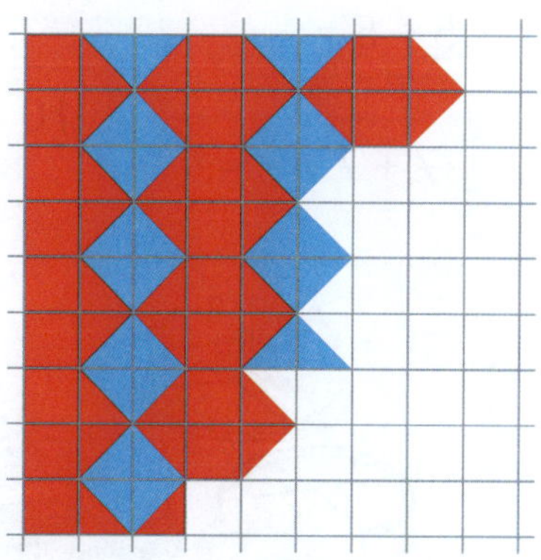

4 Zeichne die Muster in dein Heft und setze sie fort. Zeichne freihand.

a

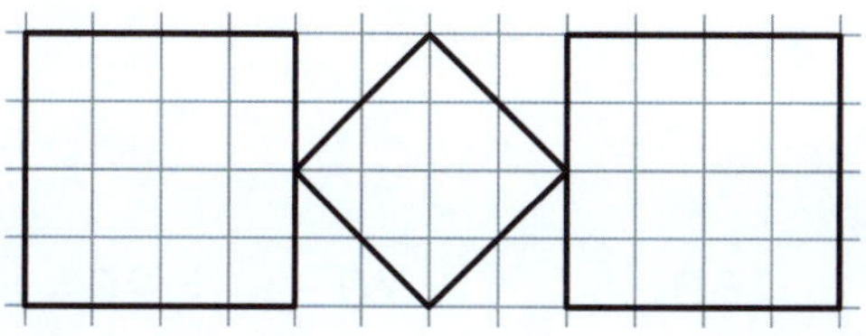

b

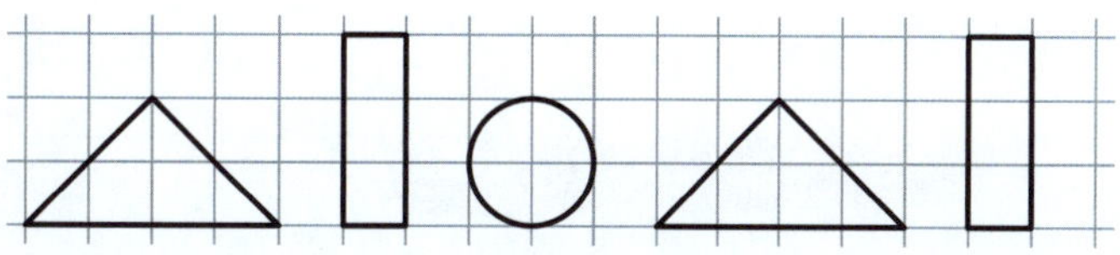

c ?

Erfinde eigene Muster. Dein Partner setzt sie fort.

Plus- und Malaufgaben finden

1 Wie rechnen Jule und Ben?

2 Ordne jedem Bild eine Plus- und eine Malaufgabe zu und löse sie.

a 

b 

5 + 5 =

3 + 3 + 3 + 3 + 3 =

5 · 3 =

3 · 7 =

2 · 5 =

7 + 7 + 7 =

10 + 10 + 10 =

2 + 2 + 2 + 2 =

3 · 10 =

4 · 2 =

c 

d 

e 

3 Lege Plättchen so, dass dein Partner Plus- und Malaufgaben findet.
Wechselt euch ab.

4

40 − 30 = 10	30 + 40 = 70	20 + 30 = 50	70 − 50 = 20
60 − 20 = 40	10 + 80 = 90	70 + 10 = 80	40 − 40 = 0
80 − 50 = 30	60 + 20 = 80	50 + 40 = 90	90 − 80 = 10

3 Plättchen, Steckwürfel, Stifte o. Ä. verwenden
4 Stoppuhr oder Sanduhr verwenden

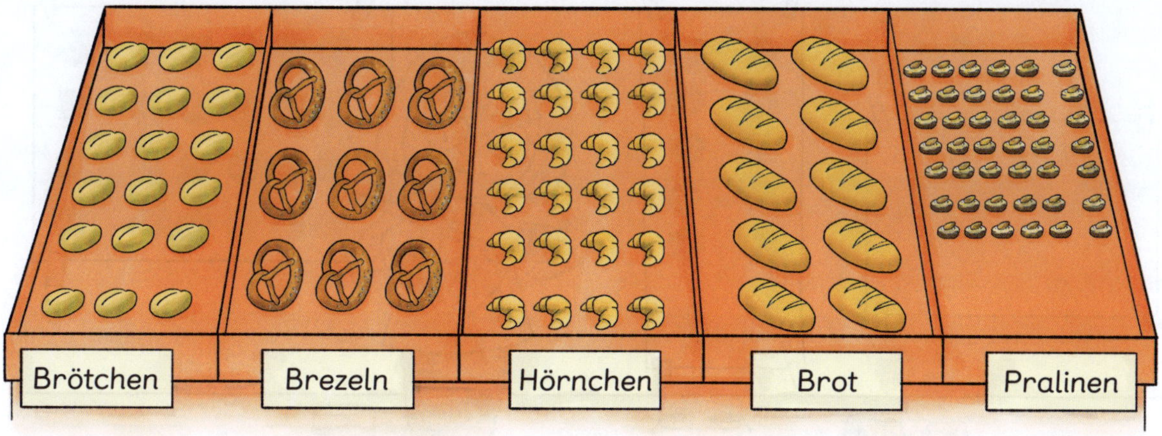

1 a

Wie kannst du schnell herausfinden, wie viele Brötchen, Brezeln … es jeweils sind?

b

Schreibe jeweils eine Plus- und eine Malaufgabe auf.

S. 25 Nr. 1

b) Brötchen: $3 + 3 + 3 + 3 + 3 + 3 =$

$6 \cdot 3 =$

2 Legt mit Steckwürfeln und schreibt jeweils eine Plus- und eine Malaufgabe auf.

a
4 Reihen
mit je 5 Steckwürfeln

b
5 Reihen
mit je 5 Steckwürfeln

c
8 Reihen
mit je 4 Steckwürfeln

d
10 Reihen
mit je 3 Steckwürfeln

e
2 Reihen
mit je 9 Steckwürfeln

f
3 Reihen
mit je 8 Steckwürfeln

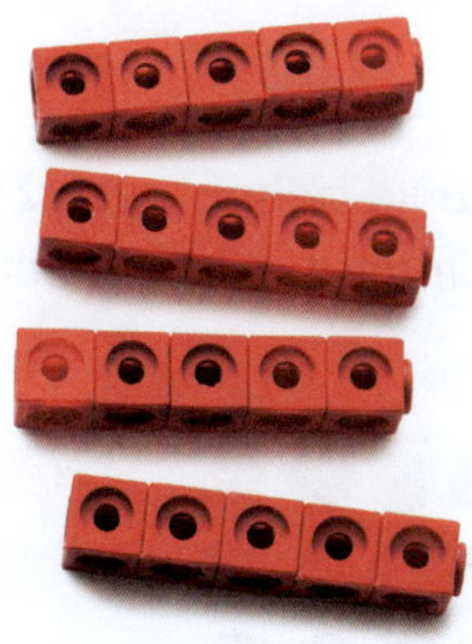

3 Schreibe zu jeder Verpackung eine Plus- und eine Malaufgabe auf.

a

b

c

d

4 Sammelt Verpackungen und andere Dinge, bei denen ihr Plus- und Malaufgaben entdecken könnt. Gestaltet eine Ausstellung.

1a Erkennen, dass in jeder Zeile und jeder Spalte jeweils gleich viele Stücke sind

1 Emma hat Punktebilder gestempelt. Schreibe zu jedem Punktebild eine Plus- und eine Malaufgabe auf. Vergleiche mit deinem Partner. Was fällt euch auf?

2 Stemple zu jeder Plusaufgabe ein Punktebild und schreibe zwei Malaufgaben dazu. Was fällt dir auf?

a) 6 + 6 + 6 =

b) 5 + 5 =

c) 2 + 2 + 2 + 2 + 2 =

3 Hamid behauptet: „Zu jedem Punktebild gibt es zwei Plus- und zwei Malaufgaben." Stimmt das? Überprüfe.

a)

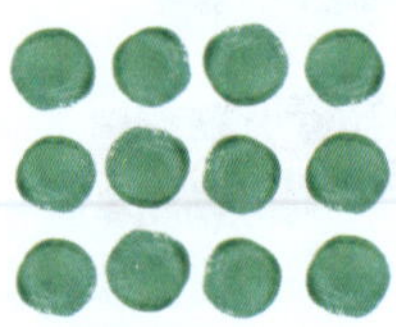

b)

c)

d)

e)

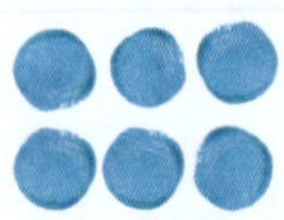

S. 26 Nr. 3

a) 3 + 3 + 3 + 3 = 12

4 + 4 + 4 = 12

4 · 3 =

3 · 4 =

4 Stemple das Punktebild. Rechne Aufgabe und Tauschaufgabe.

a) 8 · 2 =

b) 7 · 6 =

c) 3 · 9 =

d) 4 · 10 =

2 Tauschaufgaben besprechen; unterschiedliche Sichtweisen thematisieren

Futterplan für Obst, Gemüse, Brot	morgens	vormittags	mittags	nachmittags	abends	zusammen
Gorilla Äpfel, Birnen	3	–	–	3	–	**6**
Elefant Rote Bete	7	7	7	7	7	
Flusspferd Futterrüben	2	2	2	–	2	
Warzenschwein trockene Brötchen	1	1	1	1	1	
Zebra trockene Brötchen	5			5		**15**
Giraffe Möhren						**12**

1 a

Die Tiere im Zoo bekommen immer die gleiche Menge an Obst, Gemüse und Brot. Untersucht den Futterplan und erzählt, wie viele Stücke die Tiere jeweils bekommen.

b

Fülle den Futterplan fertig aus.

c

Finde zum Futterplan jedes Tieres eine Plus- und eine Malaufgabe.

S. 27 Nr. 1

c) Gorilla: 3 + 3 = 6

2 · 3 = 6

Elefant:

d

Der Zoo hat genauso viele Zebras wie Warzenschweine. Zusammen fressen sie 80 Brötchen am Tag. Wie viele Tiere sind es?

2 a

Schreibe einen Futterplan für diese Tiere.

- Der Seehund bekommt 4-mal 7 Fische.
- Die Möwe bekommt 3-mal 2 Fische.
- Der Eisbär bekommt 5-mal 10 Fische.
- Der Pinguin bekommt 2-mal 8 Fische.

b

Wie viele Fische benötigt der Zoo an einem Tag für diese Tiere?

c

Tierpfleger Bruno meint: „In einen Eimer passen 15 Fische. Ich muss jeden Tag 7 Eimer schleppen.“ Stimmt das? Überprüfe.

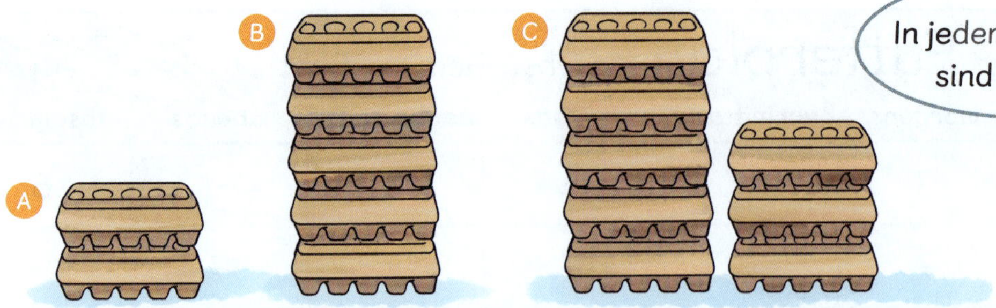

1 Wie viele Eier sind es? Schreibe zu jedem Bild eine Plus- und eine Malaufgabe mit 10.

S. 28 Nr. 1
A: 10 + 10 = 20
2 · 10 = 20

2 Zeichne die Tabelle ins Heft und ergänze sie.

Schachteln	1	2	3	4	5	6	7	8	9	10
Eier	10	20								

3 Schreibe zu jedem Bild eine Plus- und eine Malaufgabe mit 10.

a

b

4 Lege die Aufgaben mit Zehnern und löse sie.

a
4 · 10 = ▢
6 · 10 = ▢
8 · 10 = ▢

b
3 · 10 = ▢
7 · 10 = ▢
10 · 10 = ▢

c
10 · 2 = ▢
10 · 9 = ▢
10 · 1 = ▢

d
10 · 5 = ▢
10 · 3 = ▢
10 · 0 = ▢

5 Schreibe die Aufgaben der 10er-Reihe geordnet auf. Lege jede Aufgabe mit Zehnern.

S. 28 Nr. 5
1 · 10 = 10
2 · 10 = 20
3 · 10 =

Einmaleins mit 10

1 · 10 = ☐
2 · 10 = ☐
3 · 10 = ☐
4 · 10 = ☐
5 · 10 = ☐
6 · 10 = ☐
7 · 10 = ☐
8 · 10 = ☐
9 · 10 = ☐
10 · 10 = ☐

6 Schreibe zu jeder Zahl die Malaufgabe mit 10.

30 70 90 0 50

4 Zehnerstreifen (Beilage 1) verwenden
5 Zehnerstreifen (Beilage 1) verwenden; ggf. mit Einmaleins-Übungskarte (Beilage 6) kontrollieren

1 Wie finden Taio und Mascha ihre Malaufgaben? Erkläre.

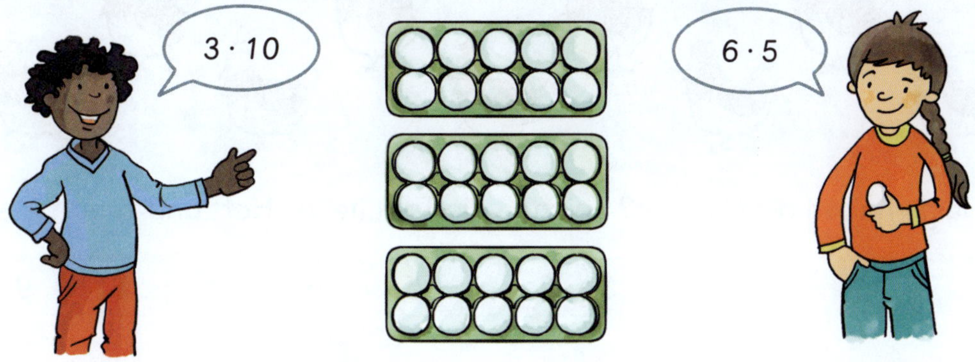

2 Schreibe zu jedem Bild eine Malaufgabe mit 10 und eine Malaufgabe mit 5.
Was fällt dir auf?

A

B
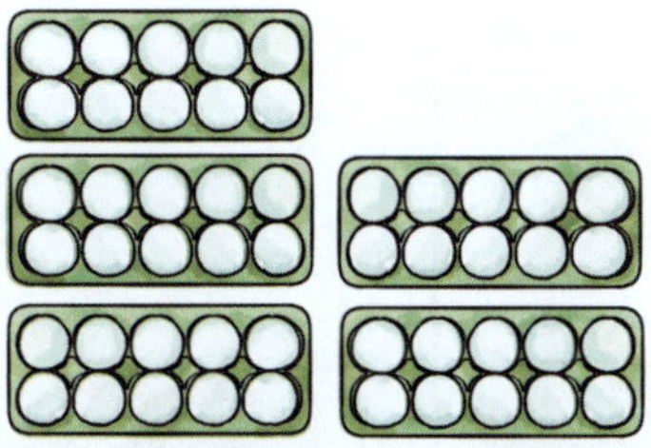

C
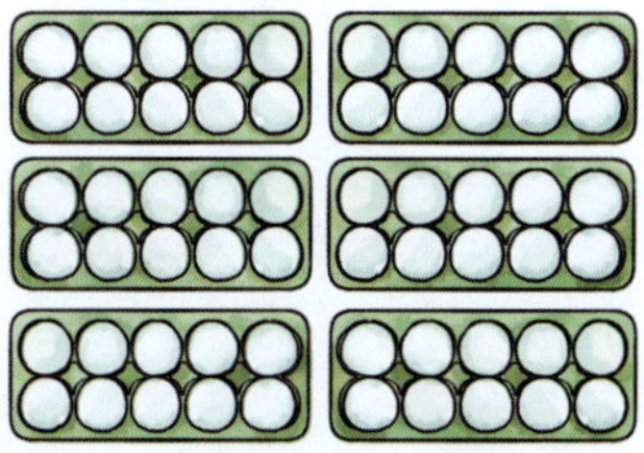

3 Zeichne die Tabelle ins Heft und ergänze sie.

Reihen	1	2	3	4	5	6	7	8	9	10
Eier	5	10								

4 Schreibe zu jedem Bild eine Plus- und eine Malaufgabe mit 5.

a
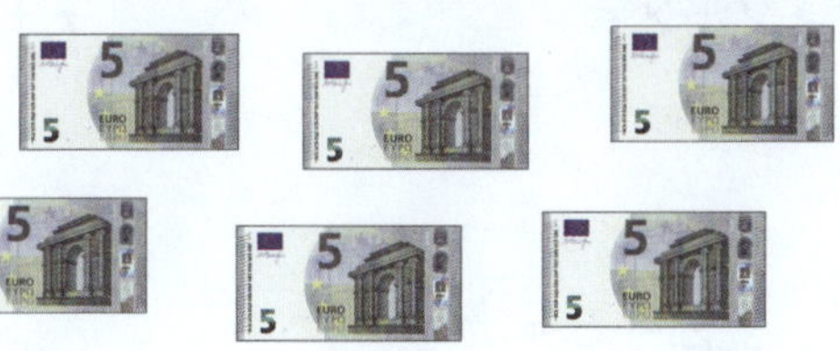

b
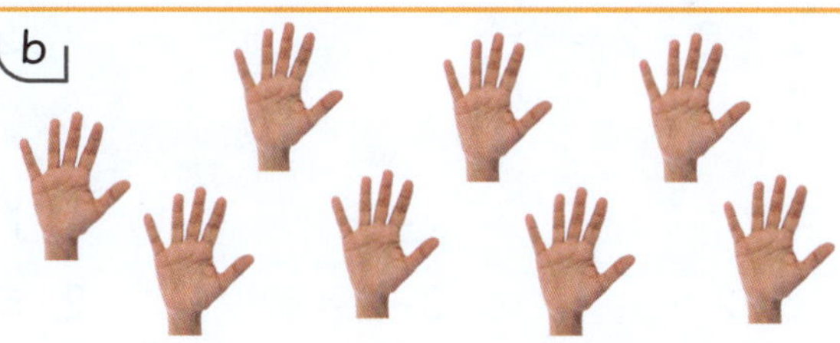

5 Schreibe zu jedem Bild bei Aufgabe 4 auch eine Malaufgabe mit 10.

6

a	b	c	d
3 · 5 = ▢	8 · 5 = ▢	5 · 4 = ▢	5 · 5 = ▢
6 · 5 = ▢	0 · 5 = ▢	5 · 9 = ▢	5 · 3 = ▢
2 · 5 = ▢	7 · 5 = ▢	5 · 0 = ▢	5 · 7 = ▢

7 Schreibe die Aufgaben der 5er-Reihe geordnet auf.
Lege jede Aufgabe mit Steckwürfeln.

Einmaleins mit 5

1 · 5 = ☐
2 · 5 = ☐
3 · 5 = ☐
4 · 5 = ☐
5 · 5 = ☐
6 · 5 = ☐
7 · 5 = ☐
8 · 5 = ☐
9 · 5 = ☐
10 · 5 = ☐

7 Ggf. mit Einmaleins-Übungskarte (Beilage 6) kontrollieren

Einmaleins mit 2

1 Wie viele Beine haben die Hühner? Zeichne die Tabelle ins Heft und ergänze sie.

Hühner	1	2	3	4	5	6	7	8	9	10
Beine	2	4								

2 Schreibe zu jedem Bild eine Plus- und eine Malaufgabe mit 2.

a

b

3 Schreibe zu jeder Plusaufgabe eine Malaufgabe und löse sie.

a

2 + 2 + 2 + 2 = □
2 + 2 + 2 + 2 + 2 + 2 + 2 = □
2 + 2 + 2 = □

b

2 + 2 = □
2 + 2 + 2 + 2 + 2 + 2 = □
2 + 2 + 2 + 2 + 2 = □

c

5 + 5 = □
10 + 10 = □
7 + 7 = □

4

a

5 · 2 = □
8 · 2 = □
0 · 2 = □

b

3 · 2 = □
4 · 2 = □
7 · 2 = □

c

2 · 6 = □
2 · 9 = □
2 · 3 = □

d

2 · 5 = □
2 · 10 = □
2 · 8 = □

Einmaleins mit 2

1 · 2 = □
2 · 2 = □
3 · 2 = □
4 · 2 = □
5 · 2 = □
6 · 2 = □
7 · 2 = □
8 · 2 = □
9 · 2 = □
10 · 2 = □

5 Schreibe die Aufgaben der 2er-Reihe geordnet auf.
Lege jede Aufgabe mit Steckwürfeln.

6 Schreibe zu jeder Zahl Malaufgaben mit 2, 5 oder 10.
Zu welchen Zahlen findest du mehrere Aufgaben?

8 15 6 10 20 40

5 Ggf. mit Einmaleins-Übungskarte (Beilage 6) kontrollieren

·	1	2	3	4	5	6	7	8	9	10
1	1·1 =	1·2 =	1·3 =	1·4 =	1·5 =	1·6 =	1·7 =	1·8 =	1·9 =	1·10 =
2	2·1 =	2·2 =	2·3 =	2·4 =	2·5 =	2·6 =	2·7 =	2·8 =	2·9 =	2·10 =
3	3·1 =	3·2 =	3·3 =	3·4 =	3·5 =	3·6 =	3·7 =	3·8 =	3·9 =	3·10 =
4	4·1 =	4·2 =	4·3 =	4·4 =	4·5 =	4·6 =	4·7 =	4·8 =	4·9 =	4·10 =
5	5·1 =	5·2 =	5·3 =	5·4 =	5·5 =	5·6 =	5·7 =	5·8 =	5·9 =	5·10 =
6	6·1 =	6·2 =	6·3 =	6·4 =	6·5 =	6·6 =	6·7 =	6·8 =	6·9 =	6·10 =
7	7·1 =	7·2 =	7·3 =	7·4 =	7·5 =	7·6 =	7·7 =	7·8 =	7·9 =	7·10 =
8	8·1 =	8·2 =	8·3 =	8·4 =	8·5 =	8·6 =	8·7 =	8·8 =	8·9 =	8·10 =
9	9·1 =	9·2 =	9·3 =	9·4 =	9·5 =	9·6 =	9·7 =	9·8 =	9·9 =	9·10 =
10	10·1 =	10·2 =	10·3 =	10·4 =	10·5 =	10·6 =	10·7 =	10·8 =	10·9 =	10·10 =

1 a

Trage die Ergebnisse der 1er-, 2er-, 5er- und 10er-Reihe in deine Einmaleinstabelle ein. Färbe diese Felder grün.

b

Trage auch die Ergebnisse der Tauschaufgaben ein. Färbe auch diese Felder grün.

2 Die wichtigsten Aufgaben jeder Einmaleinsreihe nennt man Kernaufgaben. Schreibe die Kernaufgaben der 2er-, 5er- und 10er-Reihe ins Heft und löse sie.

Kernaufgaben der 2er-Reihe
1 · 2 =
2 · 2 =
5 · 2 =
10 · 2 =

Kernaufgaben der 5er-Reihe
1 · 5 =
2 · 5 =
5 · 5 =
10 · 5 =

Kernaufgaben der 10er-Reihe
1 · 10 =
2 · 10 =
5 · 10 =
10 · 10 =

3 Übe mit deinem Partner die Kernaufgaben der 2er-, 5er- und 10er-Reihe.

4 In der Einmaleinstabelle kannst du die Kernaufgaben aller Einmaleinsreihen ablesen. Schreibe sie auf.

Kernaufgaben der 1er-Reihe
1 · 1 =
2 · 1 =
5 · 1 =
10 · 1 =

Kernaufgaben der 3er-Reihe
1 · 3 =
2 · 3 =
5 · 3 =
10 · 3 =

Kernau… der 4er…
1 · 4 =
2 · 4 =
5 · 4 =
10 · 4 =

S. 31 Nr. 4
1 · 1 = 1
2 · 1 = 2
5 · 1 = 5
10 · 1 =

1 Einmaleinstabelle (Kopiervorlage) verwenden

1

1 Euro = 100 Cent
1 € = 100 ct

a) Wechselt einen 5-Euro-Schein. Findet viele Möglichkeiten.

b) Wechselt eine 1-Euro-Münze. Findet viele Möglichkeiten.

2 Wechselt die Scheine und Münzen. Findet viele Möglichkeiten.

a) 
b) 
c) 
d) 
e) 
f) 

3 Ordne das Spielgeld nach seinem Wert.

S. 32 Nr. 3
1 ct < 2 ct <

4 Wie viel Geld ist es? Fasse geschickt zusammen und schreibe die Plusaufgabe auf.

a) 
b) 

S. 32 Nr. 4
a) 80 € + 5 € + 5 € =

c) 
d) 
e) 
f) 
g) 
h) 

5 Lege mit so wenig Scheinen und Münzen wie möglich. Zeichne.

a) 40 € b) 70 € c) 15 €
d) 62 € e) 91 € f) 37 €

S. 32 Nr. 5
a) 40 €
20 20

1–3, 5 Spielgeld (Beilagen 2 und 3) verwenden

1 Wie kannst du die Dinge bezahlen?
Lege mit Spielgeld und zeichne.

S. 33 Nr. 1
Luftschlangen: 70 ct (50) (20)

2 Schreibe Lösungsweg (L) und Antwort (A) auf.

S. 33 Nr. 2
a) L: 20 € + 8 € =
A: Er muss ___ € bezahlen.

a) Lukas kauft ein Piratenkostüm und ein Schwert.
Wie viel Euro muss er bezahlen?

b) Amelie kauft einen Hexenumhang, einen Hut und eine Hexennase.
Wie viel Euro muss sie bezahlen?

c) Silas kauft eine Tröte und 2 Luftballons.
Wie viel Cent muss er bezahlen?

d) Leni kauft eine Krone. Sie bezahlt mit 10 €.
Wie viel Euro bekommt sie zurück?

e) Tom kauft eine Perücke und eine rote Nase. Er bezahlt mit 20 €.
Wie viel Euro bekommt er zurück?

3 Du hast 30 €. Was würdest du dir für ein Kostümfest kaufen?

4 Lege mit Spielgeld. Fasse geschickt zusammen.

a) 25 € + 16 € = ▢
b) 40 € + 15 € = ▢
c) 34 € + 11 € = ▢

S. 33 Nr. 4
a) 25 € + 16 € = 25 € + 5 € + 11 € =

d) 62 ct + 32 ct = ▢
e) 55 ct + 45 ct = ▢
f) 36 ct + 14 ct = ▢

1, 2, 4 Ggf. Spielgeld (Beilagen 2 und 3) verwenden

1 Auf dem Bild gibt es viel zu entdecken.
Erzähle.

2 Überlegt euch Fragen zu dem Bild.
Schreibt sie auf und stellt sie eurer Klasse vor.
Die Klasse sucht nach Lösungswegen und Antworten.
?

3 Die Kinder der Klasse 2c haben sich diese Fragen ausgedacht.
Welche Fragen kannst du beantworten?

A Wie viele Skifahrer sind da?

B Wer ist Sieger im Slalom?

C Was kostet die Tageskarte für ein Kind?

D Wie spät ist es?

E Wie hoch liegt der Schnee?

F Wie lange braucht man zum Gipfel?

G Wie teuer sind 4 Stunden Parken?

H Wie viele Stunden hat die Skihütte täglich geöffnet?

I Wie viel Euro kosten Pommes frites und ein Glas Cola zusammen?

J Um wie viel Uhr ist die letzte Fahrt mit dem Lift?

K Wie lang ist eine Bratwurst?

Schreibe Lösungsweg (L) und Antwort (A) auf.

S. 35 Nr. 4
L: 28 € +
A: Sie kosten ___ €.

4 Frau Kinkel und ihre Tochter (8 Jahre) fahren einen Tag Ski. Wie viel Euro kosten die Liftkarten?

5 Merlin isst Pommes frites, Anna isst Spaghetti und ihr Vater isst Knödel. Wie viel Euro müssen sie bezahlen?

6 Familie Liske parkt das Auto für einen Tag. Frau Liske und Jonas (15 Jahre) fahren Ski, Herr Liske und Lea fahren Schlitten. Wie viel Euro kostet es zusammen?

7 Alina und Judith sind hungrig und durstig. Sie haben 10 €. Was können sie kaufen?

8 Erfinde Aufgaben für deinen Partner.
?

Figuren und Formen am Geobrett

1 Spanne Figuren auf einem Geobrett.
Dein Partner spannt sie nach.

2 Spanne die Figuren nach.

a
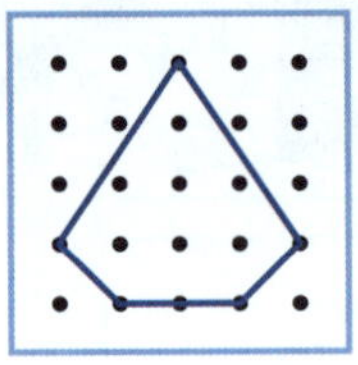
b

c
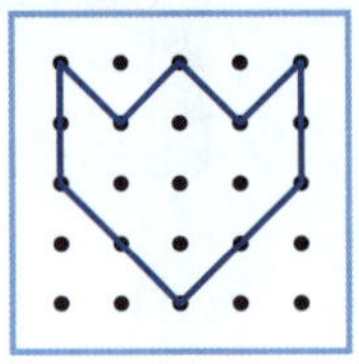
d
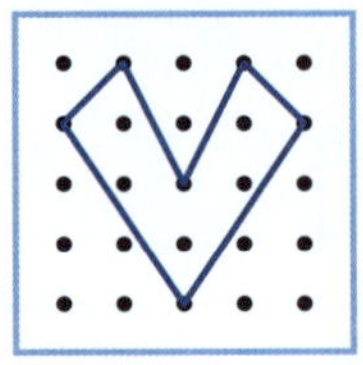

3 Spanne die Rechtecke nach und zeichne sie ins Heft.

a
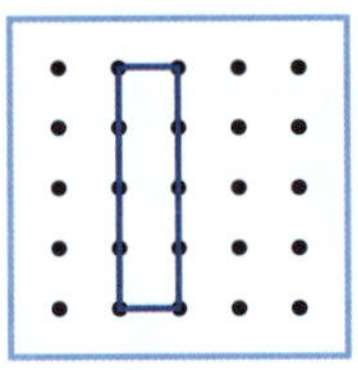
b
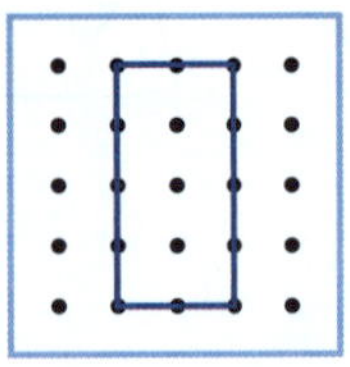
c
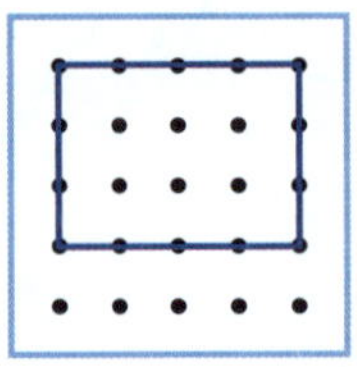

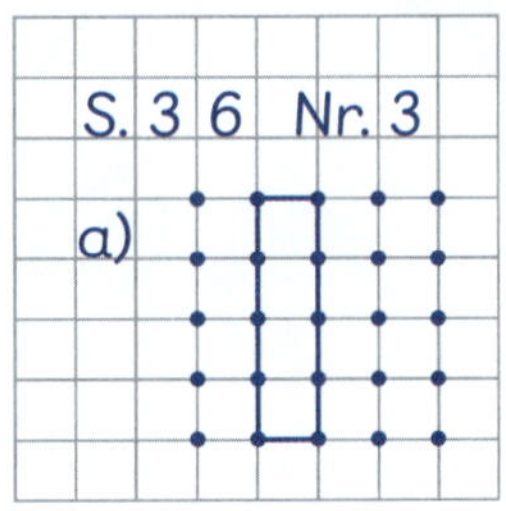

4 Spanne die Dreiecke nach und zeichne sie ins Heft.

a
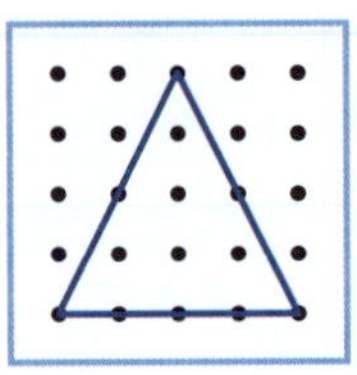
b
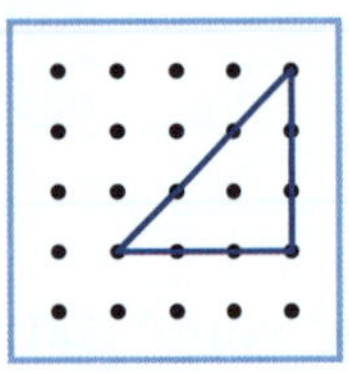
c
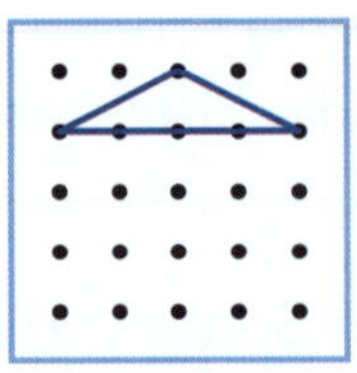
d
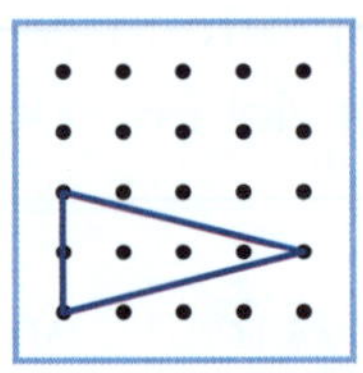

5 Spanne weitere Rechtecke und Dreiecke. Zeichne sie ins Heft.

?

6
3 + 4 = 7
5 + 5 = 10
2 + 3 = 5

10 − 2 = 8
10 − 4 = 6
10 − 7 = 3

12 + 6 = 18
13 + 2 = 15
15 + 4 = 19

20 − 5 = 15
20 − 8 = 12
20 − 4 = 16

6 Stoppuhr oder Sanduhr verwenden

1

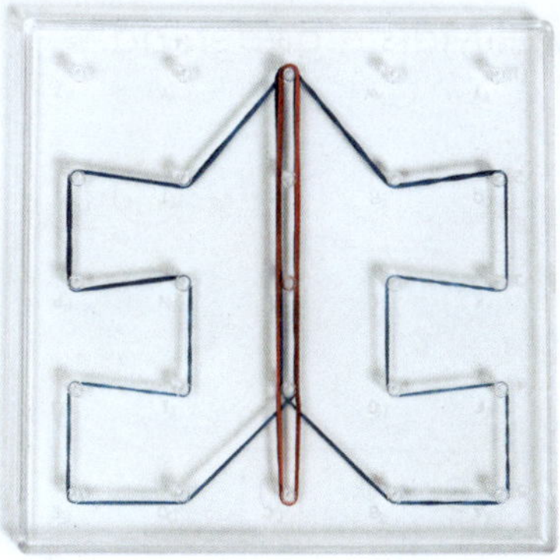

a) Spanne die Figur nach. Du brauchst dazu drei Gummiringe.

b) Beschreibe die Figur. Diese Wörter helfen dir.

Spiegelbild | Spiegelachse | gleich | Hälfte

2 Spanne die Figur und das Spiegelbild. Dein Partner überprüft mit einem Spiegel.

a)

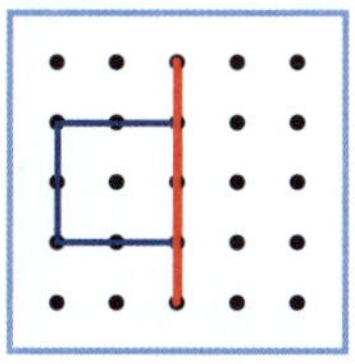

b)

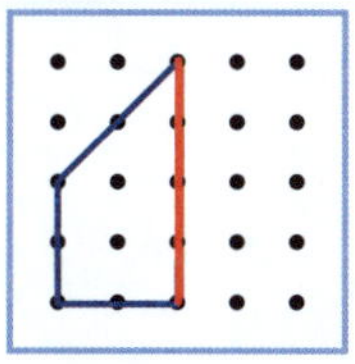

c)

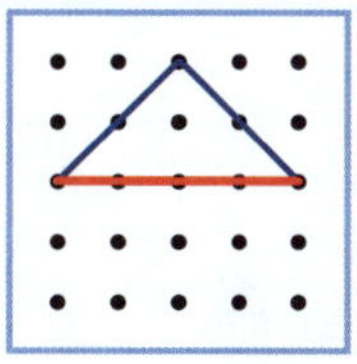

d)

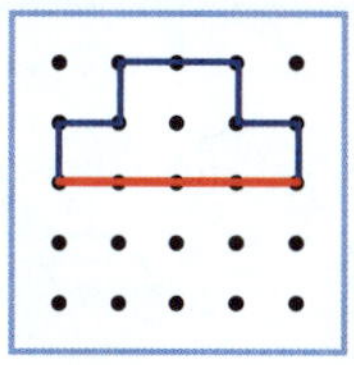

3 Spanne Figuren. Dein Partner ergänzt spiegelbildlich.
Überprüft mit einem Spiegel.

4 Spanne die Figuren nach und finde die Spiegelachse. Überprüfe mit einem Spiegel.
Zeichne ins Heft.

a)

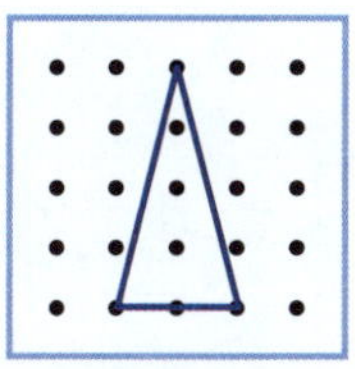

b)

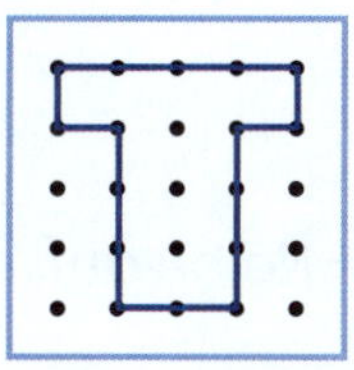

c)

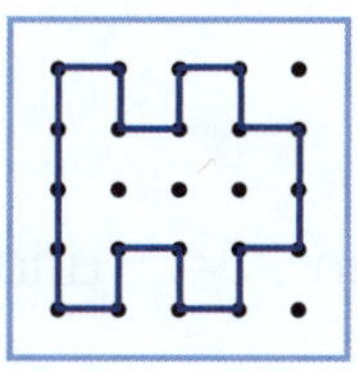

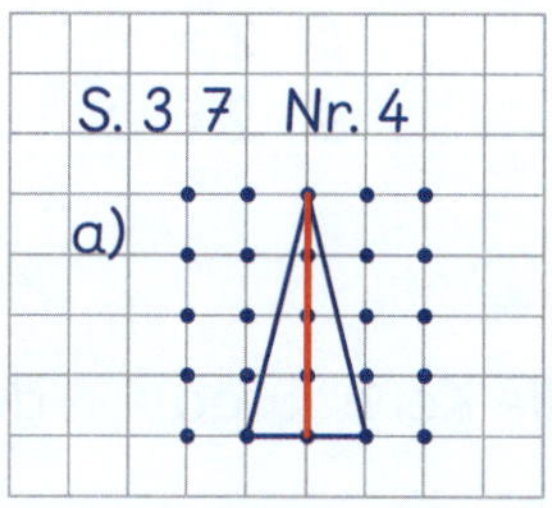

5 Finde die Fehler. Überprüfe mit einem Spiegel. Spanne das richtige Spiegelbild und zeichne ins Heft.

a)

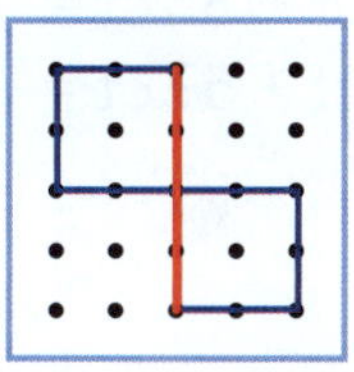

b)

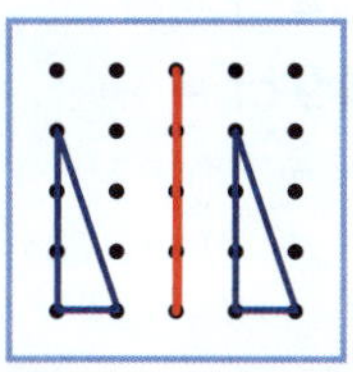

c)

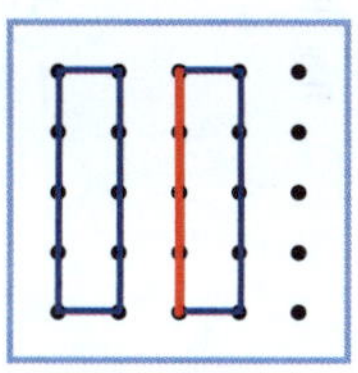

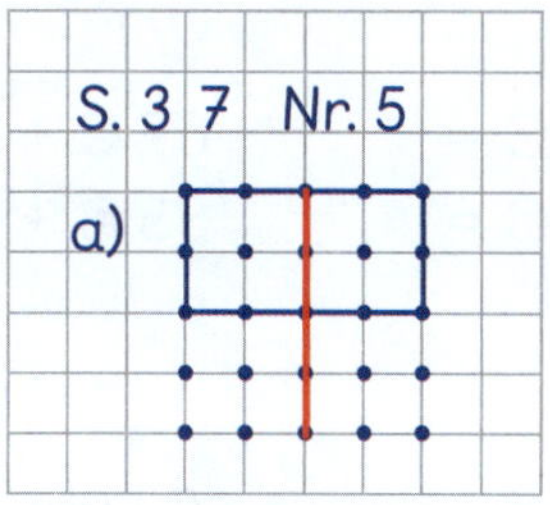

6 Lege mit so wenigen Scheinen und Münzen wie möglich. Zeichne.

a) 78 € b) 32 € c) 19 ct d) 43 ct e) 100 ct

6 Spielgeld (Beilagen 2 und 3) verwenden

Das kann ich schon 4

1 Male zu jeder Plusaufgabe ein Punktebild und schreibe zwei Malaufgaben dazu.

a) 3 + 3 + 3 + 3 =

b) 7 + 7 + 7 =

c) 9 + 9 =

2

a)

Schachteln	1	3	6	8	10
Eier	10				

b)

Hühner	1	2	5	7	10
Beine	2				

3 Schreibe zu jedem Bild eine Plus- und eine Malaufgabe und löse sie.

a)

b)

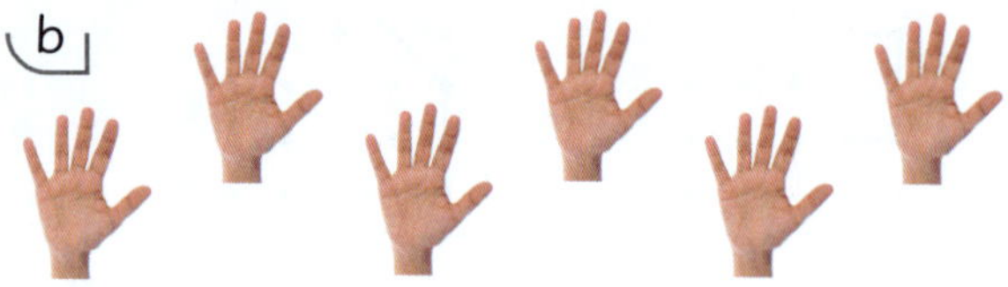

4 Rechne Aufgabe und Tauschaufgabe.

a)
3 · 10 =
5 · 10 =
8 · 10 =

b)
2 · 2 =
6 · 2 =
9 · 2 =

c)
1 · 5 =
4 · 5 =
8 · 5 =

d)
5 · 2 =
7 · 5 =
2 · 10 =

5 Schreibe die Kernaufgaben der 2er-, 5er- und 10er-Reihe auf.

6 Lege mit Spielgeld. Fasse geschickt zusammen.

a)
45 € + 13 € =
38 € + 32 € =

b)
67 € + 24 € =
55 € + 28 € =

c)
59 ct + 34 ct =
18 ct + 49 ct =

d)
46 ct + 35 ct =
53 ct + 57 ct =

7 Schreibe Lösungsweg (L) und Antwort (A) auf.

a) Lisa kauft ein Indianerkostüm für 26 € und einen Kopfschmuck für 17 €. Wie viel Euro kostet es zusammen?

b) Ole kauft für 47 € ein. Er bezahlt mit einem 50-Euro-Schein. Wie viel Euro bekommt er zurück?

Wichtige Aufgaben aus der vierten Einheit (Heft 2, S. 22 bis 37) wiederholen;
Selbsteinschätzung: entsprechend dem Können der Aufgabe passenden Smiley ins Heft malen

1 Welche Formen fehlen? Zeichne ab und ergänze.

a

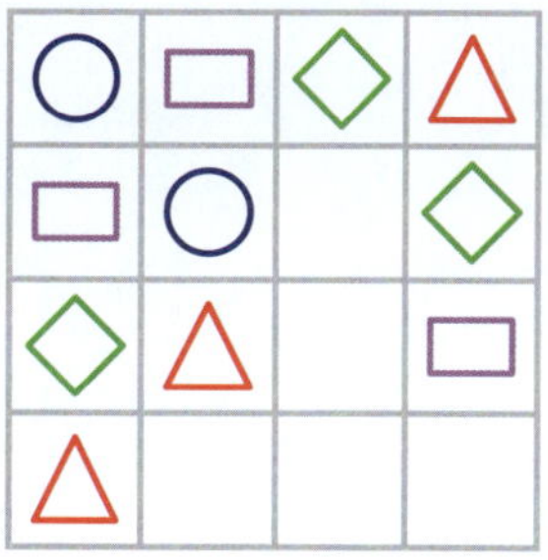

b

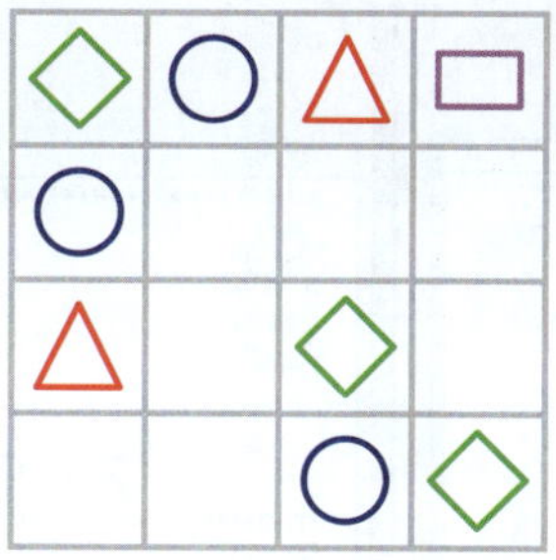

2

Preise

Pommes frites	3,00 €
Spaghetti	7,00 €
Knödel	4,00 €
Bratwurst	3,50 €
Kakao	1,50 €
Cola, Fanta	2,00 €
Mineralwasser	1,50 €
Kaffee	1,00 €

a

Ben hat etwas gegessen und 2 Getränke getrunken. Er musste genau 10 € bezahlen. Was könnte Ben bestellt haben?

b

Lisa sagt: „Ich habe etwas gegessen und ein Getränk getrunken. Ich musste 6,50 € bezahlen."
„Das kann nicht sein", meint Thea.
Wie hat Thea das herausgefunden?

3 Welche Münzen und Scheine sind im Sparschwein? Zeichne.

a

b

c

d

4 Wie viele Quadrate kannst du entdecken? Spanne nach und zähle.

a

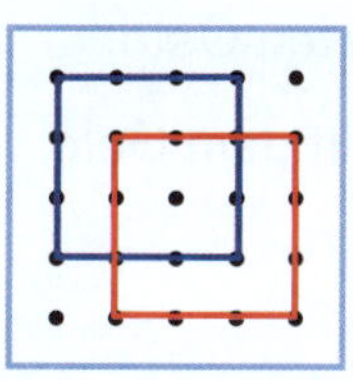

b

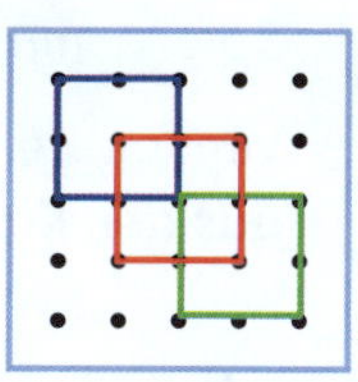

c

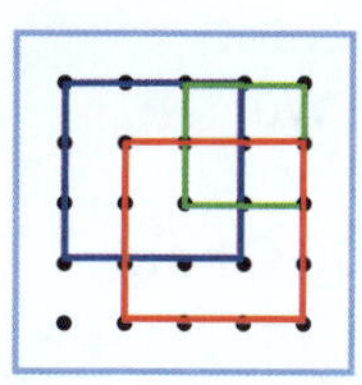

d

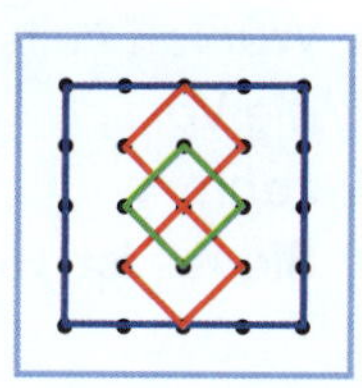

Das 100-Euro-Spiel

Spiel für 2 bis 3 Kinder

Ihr braucht:
Spielgeld, 1 Würfel

Spielregeln:

- Legt das Geld geordnet in die Kasse.
- Jeder Spieler nimmt 1 € als Startgeld.
- Würfelt reihum und beachtet die Vorschriften bei den Würfelzahlen.
- Sieger ist, wer zuerst 100 € hat.

 Nimm 12 € aus der Kasse.

 Ergänze dein Geld zum nächsten Zehner-Eurobetrag.

 Nimm 3 € aus der Kasse.

 Lege 7 € in die Kasse oder alles Geld, wenn du weniger als 7 € hast.

 Schenke deinen größten Schein dem Spieler mit dem wenigsten Geld.

 Verdopple dein Geld mit dem Geld aus der Kasse.

Spielgeld der Beilagen 2 und 3 aller Mitspieler in die Kasse legen